RECHERCHES GÉNÉRALES

SUR

LA MORTALITÉ ET LA MULTIPLICATION

DU GENRE HUMAIN.

PAR M. EULER.

1.

Les régiftres des naiffances & des morts à chaque âge, qu'on publie en plufieurs endroits tous les ans, fourniffent tant de queftions différentes fur la mortalité & la multiplication du genre humain, qu'il feroit trop long de les rapporter toutes. Or les unes dépendent pour la plûpart en forte des autres, qu'en ayant développé une ou deux, toutes les autres fe trouvent pareillement déterminées. Comme les folutions doivent être tirées des régiftres mentionnés, il eft à remarquer, que ces régiftres différent beaucoup felon la diverfité des villes, villages & provinces, où ils ont été dreffés: & par la même raifon les folutions de toutes ces queftions fe trouvent fort différentes felon les régiftres fur lefquels elles font fondées. C'eft pourquoi je me propofe de traiter ici en géneral la plupart de ces queftions fans me borner aux réfultats que les régiftres d'un certain endroit fourniffent: & enfuite il fera aifé de faire l'application à chaque endroit qu'on voudra.

2. Or j'obferve d'abord, que toutes ces queftions prifes en général dépendent de deux hypothefes; lefquelles étant bien fixées il eft aifé d'en tirer la folution de toutes. Je nommerai la premiere l'hypothefe de la mortalité par laquelle on détermine, combien d'un certain nombre d'hommes, qui font nés à la fois, feront encore en vie après chaque nombre d'années écoulées. Ici la confidération de la multiplication n'entre point du tout en compte, & partant il faut confti-

conftituer la feconde hypothefe, que je nommerai celle de la multiplication; & par laquelle je marque de combien le nombre de tous
les hommes eft augmenté ou diminué pendant le cours d'un an. Cette hypothefe dépend donc de la quantité des mariages & de la fécondité, pendant que la premiere eft fondée fur la vitalité ou le pouvoir
de vivre, qui eft propre aux hommes.

I. HYPOTHESE
DE LA MORTALITÉ.

3. Pour la premiere hypothefe, concevons un nombre quelconque N d'enfans, qui foient nés en même tems; & je marquerai
le nombre de ceux qui feront encore en vie au bout d'un an par $(1)N$,
de ceux qui y feront encore au bout de deux ans par $(2)N$, de
trois ans par $(3)N$, de quatre ans par $(4)N$, & ainfi de fuite. Ce
font des fignes généraux que j'emploie pour marquer, comment les
nombre des hommes nés en même tems, décroit fucceffivement; qui
auront pour chaque climat & chaque maniere de vivre des valeurs
particulieres. Cependant on peut remarquer que les nombres indi-
qués par (1), (2), (3), (4), (5), &c. conftituent une progreffion
décroiffante de fractions, dont la plus grande (1) eft moindre que
l'unité; & quand on continue ces termes au de là de 100, ils décroi-
tront fi fort, qu'ils évanouiffent presque entierement. Car, fi de
100 millions d'hommes aucun n'atteint l'age de 125 ans, il faut que le
terme (125) foit moindre que $\frac{1}{100000000}$.

4. Ayant établi pour un certain lieu par un affez grand nombre d'obfervations les valeurs des fractions (1), (2), (3), (4), &c.
on peut réfoudre quantité de queftions qu'on propofe ordinairement
fur la probabilité de la vie humaine. D'abord il eft évident, fi le
nombre des enfans nés en même tems eft $= N$, que felon la probabilité il en mourra tous les ans autant que cette table en marque:

depuis	à		il en mourra
0 ans -	1	· · · · · ·	$N - (1)N,$
1 —	2	· · · · ·	$(1)N - (2)N,$
2 —	3	· · · · ·	$(2)N - (3)N,$
3 —	4	· · · · ·	$(3)N - (4)N,$
4 —	5	· · · · ·	$(4)N - (5)N,$
	&c.		

Et comme de ce nombre N il y aura encore probablement en vie $(n)N$ au bout de n ans, il faut que le nombre des morts avant ce terme de n ans soit $= N - (n)N$. Après cette remarque je donnerai la solution des queſtions ſuivantes.

I. QUESTION.

5. *Un certain nombre d'hommes dont tous ſoient du même âge, étant donné, trouver combien en ſeront probablement encore en vie après un certain nombre d'années.*

Suppoſons qu'il y ait M hommes, qui ayent le même âge de m ans, & qu'on demande, combien en vivront probablement encore après n ans? Qu'on poſe $M = (m)N$ pour avoir $N = \dfrac{M}{(m)}$, où N marque le nombre de tous les enfans nés en même tems, dont il reſte encore en vie M après m ans. Or de ce même nombre ſeront probablement encore en vie $(m + n)N$ après $m + n$ ans depuis leur naiſſance, & partant après n ans depuis le tems propoſé. Donc le nombre cherché dans la queſtion eſt $= \dfrac{(m + n)}{(m)} M$; ou après n ans il y aura probablement encore autant de vivans de M hommes, qui ont tous à préſent m ans.

Donc

Donc il est probable que du nombre d'hommes M âgés tous de m ans, il en mourra $1 - \dfrac{(m + n)}{(m)}$, avant qu'il s'en écoulent n ans.

II. QUESTION.

6. *Trouver la probabilité qu'un homme d'un certain age soit encore en vie après un certain nombre d'années.*

Que l'homme en question soit agé de m ans, & qu'on cherche la probabilité que cet homme soit encore en vie au bout de n ans. Concevons M homme du même âge, & puisque, après n ans, il y en aura probablement encore vivans $\dfrac{(m + n)}{(m)}$ M, la probabilité que l'homme proposé se trouve dans ce nombre sera $= \dfrac{(m + n)}{(m)}$.

Donc la probabilité que cet homme vienne à mourir avant le bout de ces n ans, est $1 - \dfrac{(m + n)}{(m)}$. Et partant l'espérance, que cet homme peut avoir de ne pas mourir dans l'intervalle des $(m + n)$ années prochaines, est à la crainte de mourir dans ce même intervalle comme $(m + n)$ à $(m) - (m + n)$. Donc l'espérance surpassera la crainte si $(m + n) > \frac{1}{2}(m)$; & la crainte sera plus fondée si $(m + n) < \frac{1}{2}(m)$. Or la crainte égalera l'espérance, si $(m + n) = \frac{1}{2}(m)$.

III. QUESTION.

7. *On demande la probabilité, qu'un homme d'un certain âge mourra dans le cours d'une année donnée.*

Que l'homme en question soit âgé de m ans, mais qu'il meure avant qu'il parvienne à l'âge de $n + 1$ ans. Pour trouver cette probabilité, concevons un grand nombre d'hommes M du même âge,

T 2

&

& ayant $M = (m)N$, & $N = \dfrac{M}{(m)}$, il y aura $\dfrac{(n)}{(m)}$ M hommes, qui atteignent l'âge de n ans, & $\dfrac{(n+1)}{(m)}$ M, qui atteignent celui de $n+1$ ans: il en mourra donc probablement dans le cours de cette année $\dfrac{(n)-(n+1)}{(m)}$ M; & partant la probabilité que l'homme proposé se trouve dans ce nombre sera $= \dfrac{(n)-(n+1)}{(m)}$.

De là il est évident, pour que ce même homme meure entre l'année $n+v$ de son âge, la probabilité sera $= \dfrac{(n)-(n+v)}{(m)}$.

Or, pour que cet homme meure un jour marqué de l'année proposée, la probabilité sera $= \dfrac{(n)-(n+1)}{365(m)}$.

Si la question est d'un enfant nouvellement né, on n'a qu'à écrire 1 au lieu de la fraction (m).

IV. Question.

8. *Trouver le terme, auquel un homme d'un âge donné peut espérer de parvenir, de sorte qu'il est également probable qu'il meure avant ce terme qu'après.*

Soit l'âge de l'homme en question de m ans, & celui qu'il peut espérer d'attendre de z ans, qu'il s'agit de trouver. Or la probabilité qu'il parvienne à cet âge étant $= \dfrac{(z)}{(m)}$, la probabilité qu'il meure avant ce terme sera $= 1 - \dfrac{(z)}{(m)}$. Donc, puisque l'une & l'autre probabilité doit être la même, nous aurons cette équation $\dfrac{(z)}{(m)} = 1 - \dfrac{(z)}{(m)}$, & partant $(z) = \frac{1}{2}(m)$, dont il est aisé de

trouver

trouver le nombre z, dès qu'on a déterminé par les obſervations les valeurs de routes ces fractions :

$$(1), \quad (2), \quad (3), \quad (4), \quad (5), \quad (6), \quad \&c.$$

car on verra d'abord laquelle (z) ſera la moitié de la propoſée (m).

Ayant trouvé ce nombre z, on nomme l'intervalle $z - m$ la force de la vie d'un homme de m ans.

V. Question.

9. *Déterminer les rentes viageres, qu'il eſt juſte de payer à des hommes d'un âge quelconque tous les ans, jusqu'à leur mort, pour une ſomme qu'ils auront avancée d'abord.*

Concevons M hommes, qui ayent tous le même âge de m ans, & que chacun paye d'abord la ſomme a ; ce qui fournira un fond $= Ma$. Soit x la ſomme qu'on doit payer à chacun tous les ans, tant qu'il eſt en vie, & après un an le fond doit payer $\dfrac{(m+1)}{(m)} Mx$, après deux ans $\dfrac{(m+2)}{(m)} Mx$, après trois $\dfrac{(m+3)}{(m)} Mx$, & ainſi de ſuite. Or, comptant que le fond ſoit placé à 5 pour cent, une ſomme S payable après n ans ne vaut à préſent que $\left[\dfrac{2\,a}{2\,1}\right]^{n} S$: mais, pour rendre notre détermination plus générale, ſuppoſons qu'une ſomme S croiſſe par les intérêts dans un an à λS, & $\dfrac{1}{\lambda}$ ſera ce que nous avons marqué par $\frac{20}{21}$, & une ſomme S payable au bout de n ans ne vaudra à préſent que $S : \lambda^{n}$. De là on dreſſera le calcul ſuivant :

on

on doit payer   ce qui fait à présent

après 1 an $\quad\dfrac{(m+1)}{(m)}\,\mathrm{M}x\quad\cdots\quad\dfrac{(m+1)}{(m)}\cdot\dfrac{\mathrm{M}x}{\lambda}$,

après 2 ans $\quad\dfrac{(m+2)}{(m)}\,\mathrm{M}x\quad\cdots\quad\dfrac{(m+2)}{(m)}\cdot\dfrac{\mathrm{M}x}{\lambda^2}$,

après 3 ans $\quad\dfrac{(m+3)}{(m)}\,\mathrm{M}x\quad\cdots\quad\dfrac{(m+3)}{(m)}\cdot\dfrac{\mathrm{M}x}{\lambda^3}$,

&c.

Or l'équité exige que toutes ces sommes réduites au tems présent soient égales au fond entier $\mathrm{M}a$, d'où l'on tire cette équation :

$$a = \frac{x}{(m)}\left[\frac{(m+1)}{\lambda}+\frac{(m+2)}{\lambda^2}+\frac{(m+3)}{\lambda^3}+\frac{(m+4)}{\lambda^4}+\&c.\right],$$

& partant ce que le fond doit payer par an à chacun des inté-ressans est

$$x = \frac{(m)\,a}{\dfrac{(m+1)}{\lambda}+\dfrac{(m+2)}{\lambda^2}+\dfrac{(m+3)}{\lambda^3}+\dfrac{(m+4)}{\lambda^4}+\&c.}.$$

Sachant donc les valeurs de toutes ces fractions (1), (2), (3), &c. il est aisé de trouver la somme x, qui convient à chaque âge de m ans rapportée à un intérêt donné.

VI. QUESTION.

10. *Quand les intéressans sont des enfans nouvellement nés, & que le payement des rentes viageres ne doit commencer, que lorsqu'ils auront atteint un certain age, déterminer la quantité de ces rentes.*

Supposons qu'on paye la somme a pour chaque enfant nouvellement né, & qu'il ne doive recevoir des rentes, que lorsqu'il aura atteint l'age de n ans, que depuis ce tems on lui paye tous les ans la

somme

ſomme x, qu'il faut déterminer. Comptant donc les intérêts comme auparavant, on parviendra à cette équation :

$$a = x\left(\frac{(n)}{\lambda^n} + \frac{(n+1)}{\lambda^{n+1}} + \frac{(n+2)}{\lambda^{n+2}} + \frac{(n+3)}{\lambda^{n+3}} + \&c.\right),$$

qui fournit

$$x = \frac{a}{\dfrac{(n)}{\lambda^n} + \dfrac{(n+1)}{\lambda^{n+1}} + \dfrac{(n+2)}{\lambda^{n+2}} + \dfrac{(n+3)}{\lambda^{n+3}} + \&c.}$$

D'où il eſt évident qu'une telle rente peut devenir fort avantageuſe, & qu'un homme, lorsqu'il aura atteint un certain âge, peut jouir de rentes conſidérables à peu de fraix pendant toute ſa vie.

11. Toutes ces queſtions ſe réſoudront donc facilement dès qu'on connoitra les valeurs des fractions (1), (2), (3), (4), &c. qui dépendent tant du climat que de la maniére de vivre : auſſi a-t-on remarqué que ces valeurs ſont différentes pour les deux ſexes, de ſorte qu'on ne ſauroit rien déterminer en général. Or, pour les conclure des obſervations, on comprend aiſément, qu'il en faut employer un grand nombre, qui s'étend même ſur toutes ſortes de perſonnes : & à cet égard on ne ſauroit ſe ſervir des régiſtres des rentes viageres, qui commencent par des enfans au deſſous d'un an. Car d'abord, on ne peut pas regarder ces enfans comme nouvellement nés, & la plupart eſt ſans doute déja échappée aux dangers des premiers mois : & enſuite, on ne s'engagera gueres ſouvent pour des enfans d'une complexion foible, de ſorte qu'on doit regarder comme choiſis les enfans pour lesquels on prend des rentes viageres. Ainſi les valeurs de nos fractions (1), (2), (3), &c. qu'on conclura des régiſtres des rentes viageres ſeront infailliblement trop grandes, ſurtout à l'égard des premiers ans. Cependant, puisqu'il faut regler les rentes ſur de tels ré-giſtres plutôt que ſur la véritable mortalité, j'ajoûterai les valeurs de nos fractions telles qu'on les tire des obſervations de M. Keerſeboom.

(1)	= 0,804	(31)	= 0,499	(61)	= 0,264	(91)	= 0,006
(2)	= 0,768	(32)	= 0,490	(62)	= 0,254	(92)	= 0,004
(3)	= 0,736	(33)	= 0,482	(63)	= 0,245	(93)	= 0,003
(4)	= 0,709	(34)	= 0,475	(64)	= 0,235	(94)	= 0,002
(5)	= 0,688	(35)	= 0,468	(65)	= 0,225	(95)	= 0,001
(6)	= 0,676	(36)	= 0,461	(66)	= 0,215		
(7)	= 0,664	(37)	= 0,454	(67)	= 0,205		
(8)	= 0,653	(38)	= 0,446	(68)	= 0,195		
(9)	= 0,646	(39)	= 0,439	(69)	= 0,185		
(10)	= 0,639	(40)	= 0,432	(70)	= 0,175		
(11)	= 0,633	(41)	= 0,426	(71)	= 0,165		
(12)	= 0,627	(42)	= 0,420	(72)	= 0,155		
(13)	= 0,621	(43)	= 0,413	(73)	= 0,145		
(14)	= 0,616	(44)	= 0,406	(74)	= 0,135		
(15)	= 0,611	(45)	= 0,400	(75)	= 0,125		
(16)	= 0,606	(46)	= 0,393	(76)	= 0,114		
(17)	= 0,601	(47)	= 0,386	(77)	= 0,104		
(18)	= 0,596	(48)	= 0,378	(78)	= 0,093		
(19)	= 0,590	(49)	= 0,370	(79)	= 0,082		
(20)	= 0,584	(50)	= 0,362	(80)	= 0,072		
(21)	= 0,577	(51)	= 0,354	(81)	= 0,063		
(22)	= 0,571	(52)	= 0,345	(82)	= 0,054		
(23)	= 0,565	(53)	= 0,336	(83)	= 0,046		
(24)	= 0,559	(54)	= 0,327	(84)	= 0,039		
(25)	= 0,552	(55)	= 0,319	(85)	= 0,032		
(26)	= 0,544	(56)	= 0,310	(86)	= 0,026		
(27)	= 0,535	(57)	= 0,301	(87)	= 0,020		
(28)	= 0,525	(58)	= 0,291	(88)	= 0,015		
(29)	= 0,516	(59)	= 0,282	(89)	= 0,011		
(30)	= 0,507	(60)	= 0,273	(90)	= 0,008		

Or, puisque cette table est dreſſée ſur des enfans choiſis, & qui ont
même déjà vécu quelques mois depuis leur naiſſance; ſi l'on veut
l'appli-

l'appliquer à tous les enfans nouvellement nés dans une ville ou province, il faut diminuer tous ces nombres d'une certaine partie pour tenir compte de la grande mortalité, à laquelle les enfans font affujettis auffitôt après leur naiffance. Mais nous tirerons cette correction plus feurement des obfervations qui renferment déjà la multiplication, que je m'en vai confidérer.

~ II HYPOTHESE,
DE LA MULTIPLICATION.

12. C'eft le principe de la propagation, fur lequel cette hypothefe eft fondée; d'où il eft d'abord évident, que s'il nait tous les ans autant d'enfans, qu'il meurt d'hommes, le nombre de tous les hommes demeurera toujours le même, & qu'il n'y aura point alors de multiplication. Mais, fi le nombre des enfans qui naiffent tous les ans, furpaffe le nombre des morts, chaque année produira une augmentation dans le nombre des vivans, qui fera égale à l'excès des naiffans fur les morts. Or cette augmentation fe changera en diminution, lorfque le nombre des morts furpaffe celui des naiffans. De là nous aurons trois cas à confidérer: le premier où le nombre des hommes demeure conftamment le même; le fecond, où il augmente tous les ans; & le troifieme, où il diminue tous les ans. Donc, fi M marque le nombre de tous les hommes qui vivent à préfent, & mM le nombre de ceux qui vivent l'année fuivante; le premier cas aura lieu, fi $m = 1$, le fecond fi $m > 1$, & le troifieme fi $m < 1$; de forte que tous les cas peuvent être compris dans le coëfficient général m.

13. Or, ayant fixé le principe de la propagation qui dépend des mariages & de la fécondité, il eft évident que le nombre des enfans qui naiffent pendant le cours d'une année, doit tenir un certain rapport au nombre de tous les hommes vivans. D'où il s'enfuit, que fi le nombre des vivans demeure toujours le même, il naitra tous les ans le même nombre d'enfans: & fi le nombre des vivans croît ou décroît, le nombre des naiffances doit croitre ou décroître dans la même raifon. Donc, en comparant enfemble le nombre de tous les naiffans

pendant

pendant plufieurs années confécutives, felon que ce nombre demeure le même, ou qu'il augmente ou diminue, on en pourra conclure fi le nombre de tous les hommes demeure le même, ou s'il va en croiffant ou en décroiffant. En y joignant le principe de mortalité il eft auffi clair, que le nombre des mourans pendant un an doit tenir un certain rapport tant à celui de tous les vivans qu'à celui des naiffans.

14. Puisque ces deux principes de la mortalité & de la propagation font indépendans l'un de l'autre, & que j'ai confidéré le premier indépendamment de l'autre, on peut auffi repréfenter celui-ci, fans que le premier y foit mêlé. Car, fuppofant le nombre de tous les vivans à la fois $= M$, le nombre des enfans qui en font produits dans l'efpace d'un an pourra être pofé $= \alpha M$, de forte que α eft la mefure de la propagation ou de la fécondité. Mais il eft difficile de tirer de cette pofition les conféquences qui regardent la multiplication & les autres phénomenes qui en dépendent. Le raifonnement deviendra plus clair, fi nous introduifons d'abord dans le calcul le nombre des enfans, qui naiffent tous les ans, auquel fi nous joignons l'hypothefe de la mortalité, nous en pourrons conclure la valeur de α. Donc réciproquement le nombre des naiffances dépend à la fois des deux hypothefes de la mortalité & de la fécondité; & de là on tirera enfuite fans difficulté la folution de toutes les autres queftions qu'on propofe ordinairement en traitant cette matiere.

15. Comme je fuppofe que la regle de la mortalité demeure toujours la même, je fuppoferai une femblable conftance dans la fécondité; de forte que le nombre des enfans qui naiffent tous les ans, foit toujours proportionel au nombre de tous les vivans. Donc, fi le nombre de tous les vivans demeure le même, on aura auffi tous les ans le même nombre de naiffances: & fi le nombre de tous les vivans va en augmentant ou en diminuant, le nombre des naiffances annuelles croîtra ou décroîtra dans la même raifon. Soit donc N le nombre des enfans nés pendant le cours d'une année, & nN celui des enfans nés l'année fuivante: & puisque la raifon qui a changé le nombre

bre

bre N eu n N subsiste encore, il faut que d'une année quelconque à la suivante le nombre des naissances croisse dans la raison de 1 à n. Par conséquent la troisieme année il naitra n^2 N, la quatrieme n^3 N, la cinquieme n^4 N, & ainsi de suite, ou bien les nombres des naissances annuelles constitueront une progression géometrique, ou roissante ou décroissante, ou d'égalité, selon que $n > 1$, ou $n < 1$, ou $n = 1$.

16. Posons donc que, dans une ville ou province, le nombre des enfans nés dans cette année soit $= $ N, & de ceux qui naitront l'année prochaine $= n$ N, & ainsi de suite selon cette progression

le nombre des naissances

à présent	N,
après un an	n N,
après deux ans	n^2 N,
après 3 ans	n^3 N,
après 4 ans	n^4 N,
&c.	

& si nous supposons qu'après 100 ans aucun des hommes qui existent à présent, ne soit plus en vie, il n'y aura point après 100 ans d'autres vivans, que ceux qui resteront encore en vie de ces naissances. Donc, joignant l'hypothese de la mortalité, on pourra déterminer le nombre de tous les hommes qui vivront après 100 ans. Or, puisqu'il naitra cette année n^{100} N, on aura le rapport des naissances au nombre de tous les vivans.

17. Pour rendre cela plus clair, voyons combien d'hommes seront encore en vie après cent ans des naissances de toutes les années précédentes.

nom-

	Nombre des naiſſances	Après 100 ans il en vivra encore
à préſent	N	$(100)\ N$
après 1 an	nN	$(99)\ nN$
après 2 ans	$n^2 N$	$(98)\ n^2 N$
après 3 ans	$n^3 N$	$(97)\ n^3 N$
⋮		
après 98 ans	$n^{98} N$	$(2)\ n^{98} N$
après 99 ans	$n^{99} N$	$(1)\ n^{99} N$
après 100 ans	$n^{100} N$	$n^{100} N$

Donc le nombre de tous les vivans après 100 ans ſera $=$

$$n^{100} N \left(1 + \frac{(1)}{n} + \frac{(2)}{n^2} + \frac{(3)}{n^3} + \frac{(4)}{n^4} + \frac{(5)}{n^5} + \&c. \right)$$

18. Les termes de cette ſérie évanouiront enfin en vertu de l'hypotheſe de mortalité, & puisque le nombre de tous les vivans a un certain rapport au nombre des naiſſances pendant le cours d'une année, la multiplication d'une année à l'autre, qui vient d'être ſuppoſée comme 1 à n, nous découvre ce rapport. Car, ſi le nombre de tous les vivans eſt $=$ M, & le nombre des enfans qui en ſont procréés pendant le cours d'une année eſt poſé $=$ N, nous aurons

$$M = 1 + \frac{(1)}{n} + \frac{(2)}{n^2} + \frac{(3)}{n^3} + \frac{(4)}{n^4} + \frac{(5)}{n^5} + \&c.$$

Donc, ſi nous connoiſſons le rapport $\frac{M}{N}$, & que nous y joignons, l'hypotheſe de mortalité, ou les valeurs des fractions (1), (2), (3), (4), &c. cette équation détermine réciproquement la raiſon de la multiplication $1 = n$ d'une année à l'autre. Cependant on voit bien, que cette déter-

détermination ne fauroit être développée en général: mais, pour chaque hypothefe de mortalité, fi l'on calcule le rapport $\dfrac{M}{N}$ pour plufieurs valeurs de n, & qu'on en dreffe une table, il fera aifé d'affigner réciproquement pour chaque rapport donné $M : N$, qui exprime la fécondité, l'augmentation annuelle de tous les vivans, qui eft la même que celle des naiffances.

19. Suppofons donc que l'hypothefe de mortalité, ou les fractions (1), (2), (3), (4), (5), &c. foient connues, de même que l'hypothefe de fécondité, ou le rapport de tous les vivans M au nombre de enfans N qui en font procréés pendant un an, on en reconnoîtra fi le nombre des hommes demeure invariable, ou s'il va en augmentant ou en diminuant. Car, fi nous pofons le nombre de tous les vivans l'année prochaine $= n$M, celui des vivans à préfent étant $=$ M, il faut tirer la valeur de n de l'équation trouvée

$$\frac{M}{N} = 1 + \frac{(1)}{n} + \frac{(2)}{n^2} + \frac{(3)}{n^3} + \frac{(4)}{n^4} + \frac{(5)}{n^5} + \&c.$$

& fuppofant connue la réfolution de cette équation, il eft indifférent fi l'on connoit la fécondité $\dfrac{M}{N}$, ou la multiplication $1 : n$, l'une étant déterminée par l'autre, moyennant l'hypothefe de la mortalité.

I QUESTION.

20. *Les hypothefes de mortalité & fécondité étant données, fi l'on connoit le nombre de tous les vivans, trouver combien il y en aura de chaque âge.*

Soit M le nombre de tous les vivans, & N le nombre des enfans qui en font procréés dans un an, & par l'hypothefe de mortalité on connoîtra la raifon de la multiplication annuelle $1 : n$. Or, connoiffant la valeur de n, il eft aifé de conclure du §. 17. qu'il y aura parmi le nombre M,

V 3

N

N enfans nouvellement nés,

$$\frac{(1)}{n} N \cdot \cdot \cdot \cdot \cdot \text{âgés d'un an,}$$

$$\frac{(2)}{n^2} N \cdot \cdot \cdot \cdot \cdot \text{âgés de deux ans,}$$

$$\frac{(3)}{n^3} N \cdot \cdot \cdot \cdot \cdot \text{âgés de 3 ans,}$$

$$\frac{(4)}{n^4} N \cdot \cdot \cdot \cdot \cdot \text{âgés de 4 ans,}$$

& en général

$$\frac{(n)}{n^n} N \cdot \cdot \cdot \cdot \cdot \text{âgés de } n \text{ ans.}$$

Or la somme de tous ces nombres pris ensemble est $= M$.

II QUESTION.

21. *Les mêmes choses étant données, trouver le nombre des hommes qui mourront dans un an.*

Soit M le nombre des hommes qui vivent à présent, y compris les enfans qui sont nés cette année, dont le nombre soit $= N$: & le quotient $\dfrac{M}{N}$ déterminera l'augmentation annuelle, qui soit $1 : n$. Donc, l'année prochaine le nombre des vivans sera $= nM$, parmi lequel se trouve le nombre des nouvellement nés $= nN$, les autres, dont le nombre est $nM - nN$ sont ceux qui sont encore en vie de l'année précédente, dont le nombre étoit $= M$; d'où il s'ensuit, qu'il en est mort $(1 - n)M + nN$. Donc, si le nombre des vivans est $= M$, il en meurt pendant le cours d'une année $(1 - n)M + nN$; tandis que dans ce même tems il naît N enfans.

III QUESTION.

22. *Connoissant tant le nombre des naissances que des enterre-mens qui arrivent pendant le cours d'une année, trouver le nombre de tous les vivans, & leur augmentation annuelle, pour une hypothese de mortalité donnée.*

Soit N le nombre des naissances, & O le nombre des enterre-mens, qui arrivent dans une année; ensuite, posons le nombre de tous les vivans $=$ M, & l'augmentation annuelle $=$ $1 : n$; & la solu-tion précédente nous fournit cette équation

$$O = (1 - n)\,M + n\,N,$$

Or l'hypothese de mortalité donne:

$$\frac{M}{N} = 1 + \frac{(1)}{n} + \frac{(2)}{n^2} + \frac{(3)}{n^3} + \frac{(4)}{n^4} + \&c.$$

Donc, ayant par la premiere $M = \dfrac{O - n\,N}{1 - n}$, cette valeur étant substituée dans l'autre équation, donne

$$\frac{O - N}{1 - n} = \frac{N - O}{n - 1} = \frac{(1)}{n} + \frac{(2)}{n^2} + \frac{(3)}{n^3} + \&c.$$

d'où il faut trouver la valeur du nombre n.

23. Si le nombre des enterremens O est égal à celui des naissances N, de sorte que $N = (1 - n)\,M + n\,N$, il faut ab-solument qu'il soit $n = 1$, ou que le nombre des vivans demeure toujours le même; & dans ce cas ce nombre sera

$$M = N\,(1 + (1) + (2) + (3) + (4) + \&c.)$$

Or, si le nombre des naissances N surpasse celui des enterremens O, de sorte que $N - O$ soit un nombre positif, l'équation

$$\frac{N - O}{n - 1} = \frac{(1)}{n} + \frac{(2)}{n^2} + \frac{(3)}{n^3} + \frac{(4)}{n^4} + \&c.$$

don-

donnera pour n une valeur > 1, qui marque que le nombre des vivans va en croiſſant. Mais, ſi le nombre des naiſſances N eſt plus petit que celui des enterremens O, notre équation doit être repréſentée ſous cette forme:

$$\frac{O - N}{1 - n} = \frac{(1)}{n} + \frac{(2)}{n^2} + \frac{(3)}{n^3} + \frac{(4)}{n^4} + \&c.$$

d'où l'on tire pour n une valeur plus petite que 1, qui marque que le nombre des vivans va en décroiſſant.

IV QUESTION.

24. *Le nombre des naiſſances & des enterremens d'une année étant donné, trouver combien de chaque âge il y aura parmi les morts.*

Soit N le nombre des enfans nés pendant un an, & O le nombre des morts, & par la queſtion précédente on aura le nombre de tous les vivans M, avec la multiplication $1 : n$, d'une année à l'autre. De là conſidérons combien d'hommes il y aura en vie de chaque âge, tant cette année que l'année prochaine.

Nombre	Cette année	l'année ſuivante
des nouvellement nés - - - - -	N	nN
de l'âge d'un an - - - - -	$\frac{(1)}{n}$ N	(1) N
de l'âge de deux ans - - - -	$\frac{(2)}{n^2}$ N	$\frac{(2)}{n}$ N
de l'âge de trois ans - - - -	$\frac{(3)}{n^3}$ N	$\frac{(3)}{n^2}$ N
&c.		&c.

D'où

D'où il est évident qu'il en est mort pendant le cours de cette année

le nombre des morts

au dessous d'un an - - - $((\mathrm{I} - (\mathrm{I}))\ \mathrm{N}$,

de 1 an à deux ans - - - $((\mathrm{I}) - (2))\ \dfrac{\mathrm{N}}{n}$,

de 2 ans à 3 ans - - - $((2) - (3))\ \dfrac{\mathrm{N}}{n^2}$,

de 3 ans à 4 ans - - - $((3) - (4))\ \dfrac{\mathrm{N}}{n^3}$,

de 4 ans à 5 ans - - - $((4) - (5))\ \dfrac{\mathrm{N}}{n^4}$,

&c.

25. Le nombre de tous les morts de cette année étant $= \mathrm{O}$, on aura cette équation

$$\frac{\mathrm{O}}{\mathrm{N}} = \mathrm{I} - (\mathrm{I})\left(\mathrm{I} - \frac{\mathrm{I}}{n}\right) - \frac{(2)}{n}\left(\mathrm{I} - \frac{\mathrm{I}}{n}\right) - \frac{(3)}{n^2}\left(\mathrm{I} - \frac{\mathrm{I}}{n}\right) - \&c.$$

qui convient avec celle-ci $\mathrm{O} = (\mathrm{I} - n)\,\mathrm{M} + n\,\mathrm{N}$, à cause de

$$\frac{\mathrm{M}}{\mathrm{N}} = \mathrm{I} + \frac{(\mathrm{I})}{n} + \frac{(2)}{n^2} + \frac{(3)}{n^3} + \frac{(4)}{n^4} + \frac{(5)}{n^5} + \&c.$$

Donc, connoissant l'hypothese de la mortalité avec la multiplication annuelle $\mathrm{I} : n$, & le nombre des naissances d'une année N, on peut déterminer combien d'hommes de chaque âge mourront probablement pendant le cours d'une année.

V Question.

26. *Connoissant le nombre de tous les vivans, de même que le nombre des naissances, avec les nombres des morts de chaque âge pendant le cours d'une année, trouver la loi de la mortalité.*

Soit M le nombre de tous les vivans, N celui des naissances, & O des enterremens pendant le cours d'une année; & de là on connoîtra d'abord la multiplication annuelle $n = \dfrac{M + O}{M - N}$: soit ensuite pour cette année

le nombre des morts par la précéd. question

$$
\begin{aligned}
\text{au dessous d'un an} \quad \alpha &= (1 - (1))\, N, \\
\text{de 1 an à 2 ans} \quad \beta &= ((1) - (2))\, \frac{N}{n}, \\
\text{de 2 ans à 3 ans} \quad \gamma &= ((2) - (3))\, \frac{N}{n^2}, \\
\text{de 3 ans à 4 ans} \quad \delta &= ((3) - (4))\, \frac{N}{n^3}, \\
&\text{\&c.}
\end{aligned}
$$

& de là on trouvera les fractions (1), (2), (3), &c. qui contiennent la loi de la mortalité,

$$
\begin{aligned}
(1) &= 1 - \frac{\alpha}{N}, \\
(2) &= (1) - \frac{n\beta}{N} = 1 - \frac{\alpha - n\beta}{N}, \\
(3) &= (2) - \frac{n^2\gamma}{N} = 1 - \frac{\alpha - n\beta - n^2\gamma}{N}, \\
(4) &= (3) - \frac{n^3\delta}{N} = 1 - \frac{\alpha - n\beta - n^2\gamma - n^3\delta}{N}, \\
&\text{\&c.}
\end{aligned}
$$

27. Voilà

27. Voilà une maniere plus feure que celles des rentes viageres pour déterminer la loi de la mortalité: & cette détermination deviendra la plus aifée, fi l'on choifit une ville ou province, où le nombre des enterremens égale celui des bâtemes, de forte que $n = 1$; car alors il fuffit de favoir le nombre des morts de chaque âge. Mais il faut bien remarquer qu'une telle loi de mortalité ne doit être étendue que fur la ville ou province, dont on l'a tirée. En d'autres pays pourroit avoir lieu une loi tout à fait différente; & on a obfervé en particulier, que dans les grandes villes, la mortalité eft plus grande que dans les petites, & dans celles-ci plus grande qu'aux villages. Si l'on fe donnoit la peine de bien établir, tant la loi de mortalité, que celle de la fécondité pour plufieurs endroits, on en pourroit tirer quantité de conclufions fort importantes.

28. Mais il faut encore remarquer, que, dans ce calcul que je viens de dévelopter, j'ai fuppofé, que le nombre de tous les vivans d'un endroit demeure le même, ou qu'il croît ou décroît uniformement, de forte qu'il en faut exclure tant des ravages extraordinaires, comme la perte, guerre, famine, que des accroiffemens extraordinaires comme de nouvelles colonies. Il fera auffi bon de choifir un tel endroit, où tous les naiffans demeurent dans le pays, & où des étrangers ne viennent pas pour y vivre & mourir, ce qui renverferoit les principes fur lesquels j'ai fondé les calculs précédens. Pour des endroits affujettis à de telles irrégularités, il y faudroit tenir des regiftres exacts tant de tous les vivans que des morts, & alors, en fuivant les principes que je viens d'établir, on feroit en état d'y appliquer le même calcul. Tout revient toujours à ces deux principes, celui de la mortalité & celui de la fécondité, qui, étant une fois bien établis pour un certain endroit, il ne fera pas difficile de réfoudre toutes les queftions qu'on peut propofer fur cette matiere, dont je me contente d'avoir rapporté les principales.

29. Je n'ai aussi traité ces questions qu'en général sans les borner à quelque endroit particulier: or, pour en tirer tous les avantages, tout dépend d'un grand nombre d'observations faites en plusieurs endroits différens, tant du nombre de tous les vivans & des naissans pendant un ou plusieurs ans, que du nombre des morts avec leurs âges. Comme c'est un article fort difficile à bien exécuter, nous devons être très redevables à Mr. Susmilch, Conseiller du Consistoire supérieur, qui, après avoir surmonté des obstacles presque invincibles, nous a fourni un si grand nombre de telles observations, qui paroissent suffisantes pour décider la plupart des questions qui se présentent dans cette recherche. Et en effet, il en a déjà tiré lui même tant de conclusions importantes, que nous pouvons espérer qu'il portera par ses soins cette science au plus haut degré de perfection dont elle est susceptible.

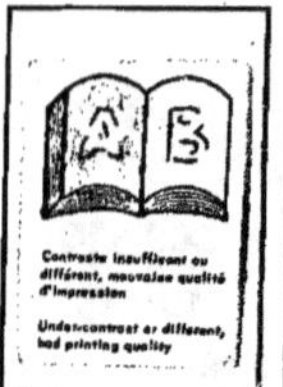
Contraste insuffisant ou
différent, mauvaise qualité
d'impression

Undercontrast or different,
bad printing quality
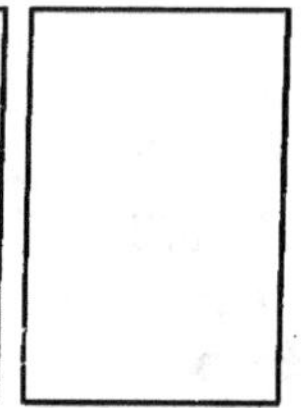